はしがき

　この多目的結束バンド外し具は、一度、締めて、結束すると、再利用ができないタイプの結束バンドを緩めて、再利用をできるようにしたものである。これにより、結束する物品の継ぎ足しが容易となり、また、材料や建材などを結束し、運搬先で取り外し、何回でも再利用ができるものである。従って、完全な結束作業の迅速化、経済的効果を発揮する。

　本書では、結束される物品、電線、エアーホース、ロープ、チューブ、竹竿、サトウキビ、組み立てテントなどの結束の仕方をイラストで解説し、著者の説明を教授したテキスト教材でもある。

　結束バンド＋テイクメカバンド（結束バンド外し具）の組み合わせセット販売の販売戦略企画（不正競争防止法の適用）は、結束バンドに必要不可欠な商品であり、結束バンドの再利用による経済的効果、作業能率の向上等であり、結束バンドを単品で購入する価格内でテイクメカバンド（結束バンド外し具）も購入可能な価格設定ができ、これから結束バンドを購入する消費者に於いては、新しい用途などにトライが出来、消費の拡大を促進する。

Preface

It is a tool which loosens the union band of the type whose reuse is impossible, and was made to be possible [reuse].

It can add and band together.

Therefore, speeding up of perfect union work and an economical effect are demonstrated.

They are also the text teaching materials which explained with the illustration the method of union of goods, an electric wire, an air hose, a rope, a tube, a bamboo pole, sugarcane, an assembly tent, etc. which band together in this book, and acted as a professor of an author's explanation.

目　次

１、多目的・結束バンド外し具（イラスト解説）

(1)　電線の結束-- 5

(2)　エアーホースの結束-- 6

(3)　ロープの結束-- 7

(4)　チューブの結束--- 8

(5)　竹竿の結束-- 9

(6)　サトウキビの結束---10

(7)　組み立てテント材の結束-----------------------------------11

２、英語解説

English of the usage

The removal instrument of a multiple-purpose union band

(illustration description)

(1) --13

Union of an electric wire

(2) --14

Union of an air hose

(3) --15

Union of a rope

(4) --16

Union of a tube

(5) --17

Union of a bamboo pole

(6) --18

Union of sugarcane

(7) --19

Union of the pillar of a tent

3、中国語解説

多目的团结乐队的卸载器具（插图解说）

⑴ --21

电线的团结

⑵ --22

风管的团结

⑶ --23

绳的团结

⑷ --24

管的团结

⑸ --25

竹竿的团结

⑹ --26

甘蔗的团结

⑺ --27

装配帐篷木材的团结

4、販売戦略・企画--29

⑴　結束バンド＋テイクメカバンド（結束バンド外し具）----------------30

１、多目的・結束バンド外し具（イラスト解説）

⑴ 電線の結束

　　細い電線、太い電線の結束に於いて、結束された束を継ぎ足す場合に取り外して、使用できる、継ぎ足しの束数の加減を調整する。

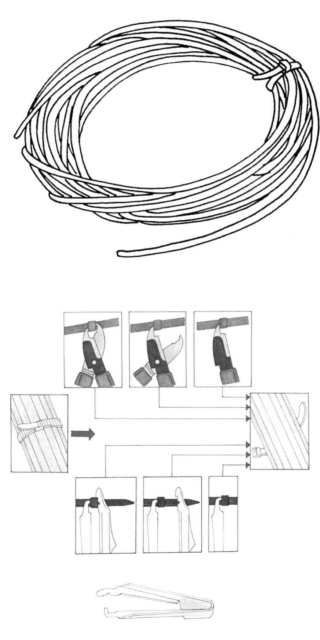

⑵　エアーホースの結束

　　エアーホースの結束に老いて、エアーホースは電線と異なる結束バンドを使用する場合もあるので、継ぎ足しの束数の加減で調整する。

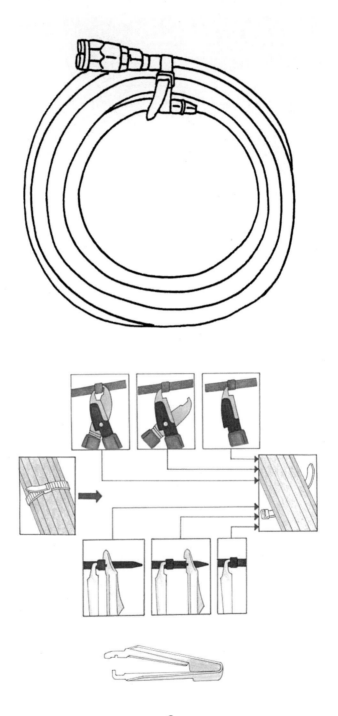

⑶　ロープの結束

　ロープの結束の仕方は、電線やエアーホースと異なり、短いロープの結束で使用していた結束バンドを長いロープを使用したりする場合の取り外しに、この多目的・結束バンド外し具は重宝である。

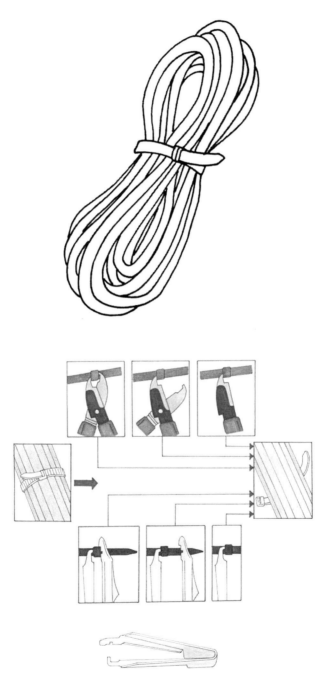

⑷　チューブの結束

車輪のチューブの結束は、比較的、頻繁に継ぎ足しを行う場合もあるので、多目的・結束バンド外し具の効果が期待できる。

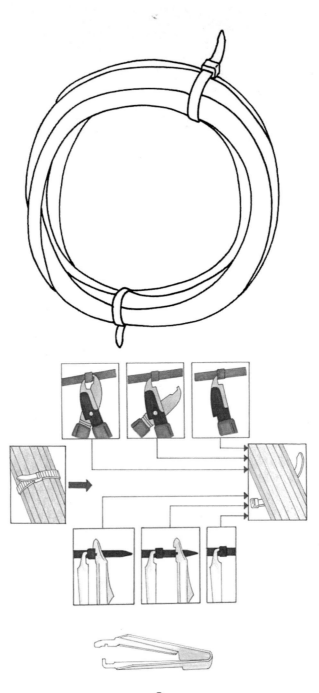

⑸　竹竿の結束

　竹竿は結束箇所が2～3箇所になるので、継ぎ足しの場合、結束バンドの取り外しのスピード化が要求される。この多目的・結束バンド外し具はこれに対応したものであり、作業手順はイラストに示す。

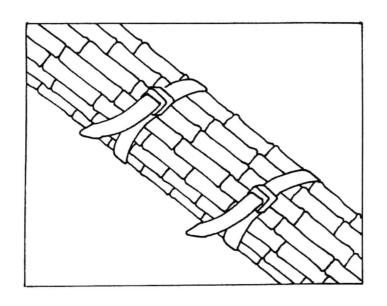

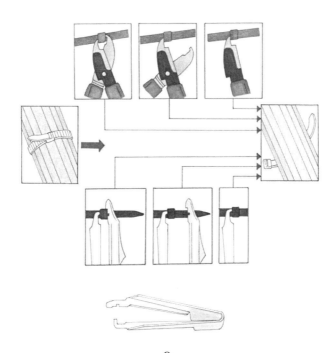

⑹　サトウキビの結束

　サトウキビの結束には、重宝である。重さで取引価格が決められる場合もあるので、減量、増量等の継ぎ足し作業に、この多目的・結束バンド外し具の効果が期待でき、納品後は再利用無しの使い捨て結束バンドとなる。

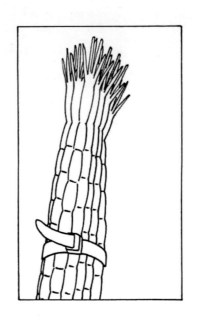

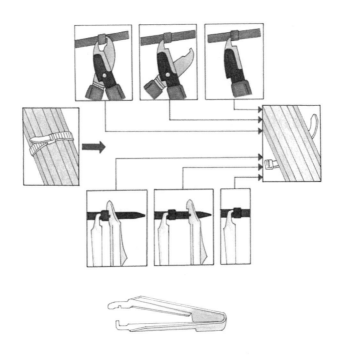

⑺　組み立てテント材の結束

　イベント会場などで、組み立てテントが多く使用されている。テント器材の柱パイプ、また竹材などの結束に安価な使い捨て結束バンドの再利用であれば、経済的効果が期待できる。

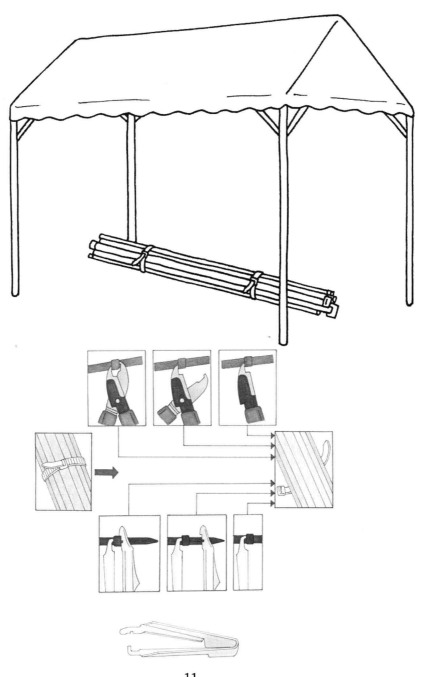

２、英語解説

English of the usage

The removal instrument of a multiple-purpose union band

(illustration description)

⑴

Union of an electric wire

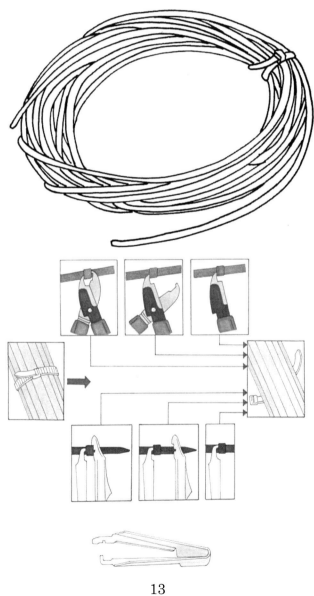

(2)

Union of an air hose

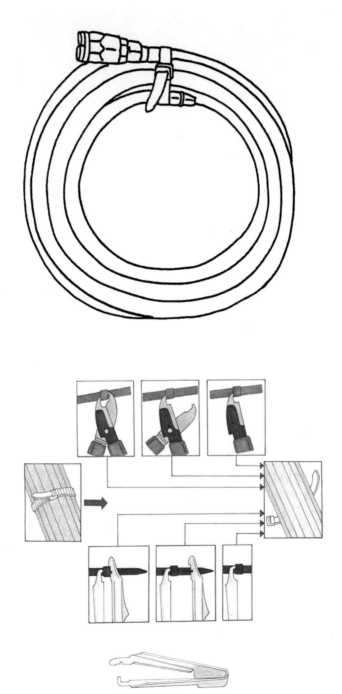

(3)

Union of a rope

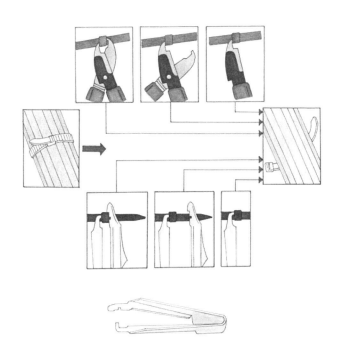

(4)

Union of a tube

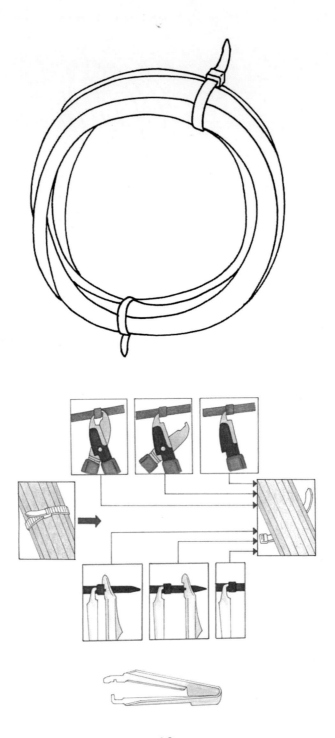

(5)

Union of a bamboo pole

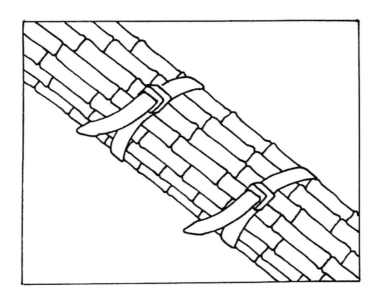

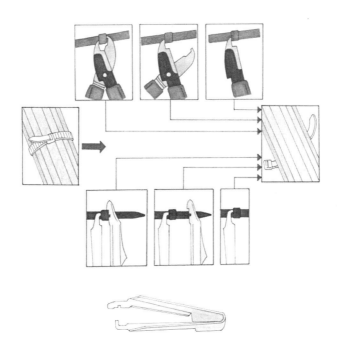

(6)

Union of sugarcane

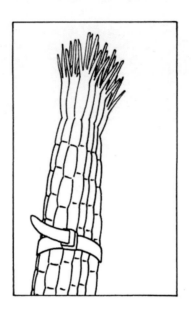

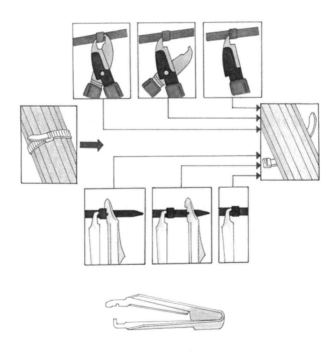

(7)

Union of the pillar of a tent

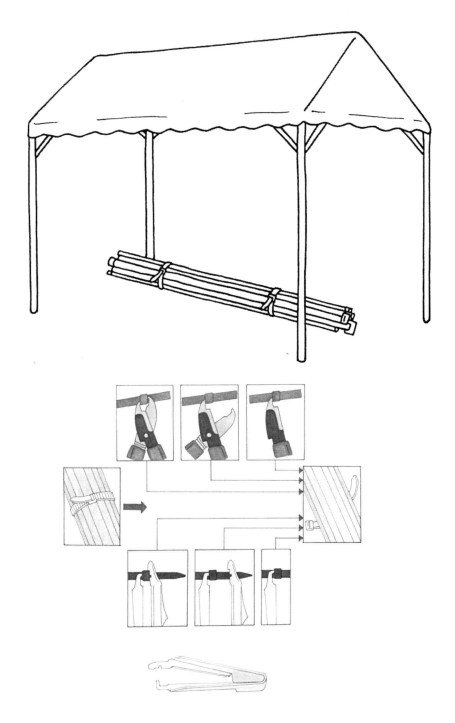

3、中国語解説

多目的团结乐队的卸载器具(插图解说)

⑴

电线的团结

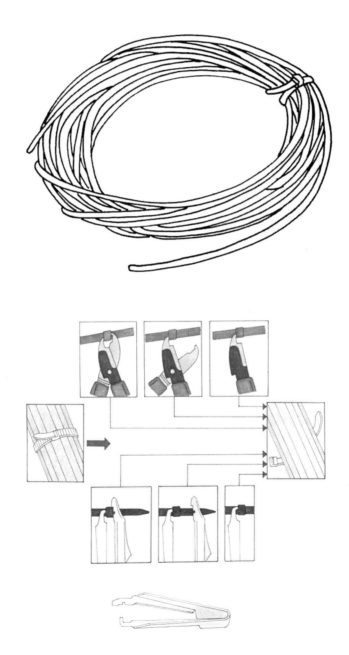

(2)

风管的团结

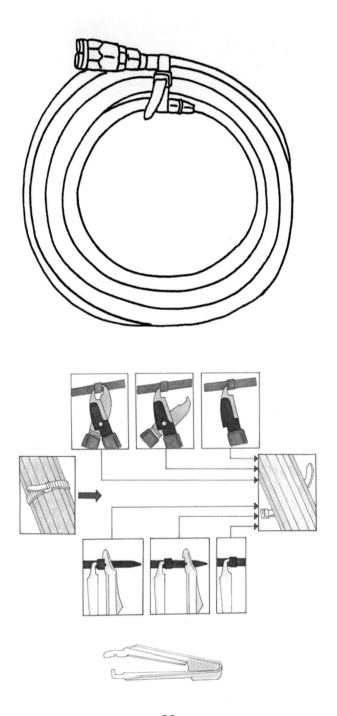

(3)

绳的团结

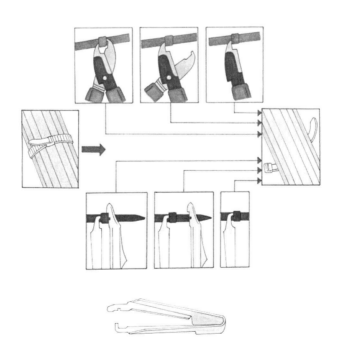

⑷ 管的团结

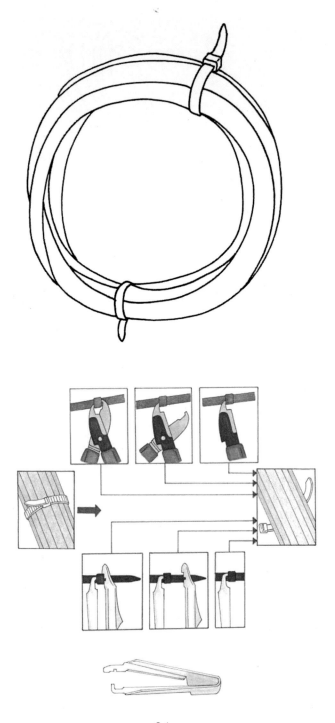

(5)

竹竿的团结

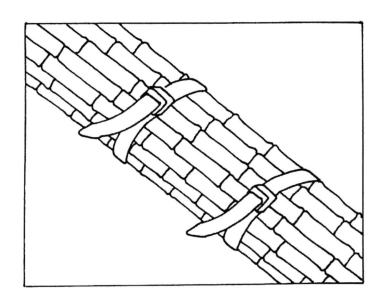

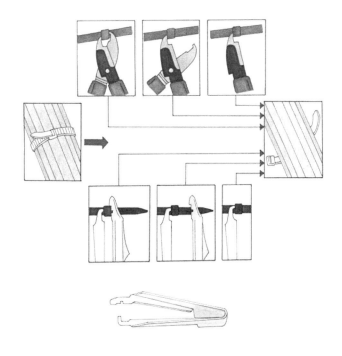

⑹ 甘蔗的团结

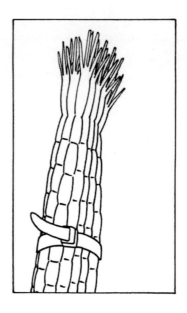

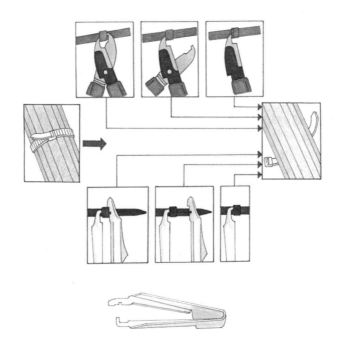

(7)

装配帐篷木材的团结

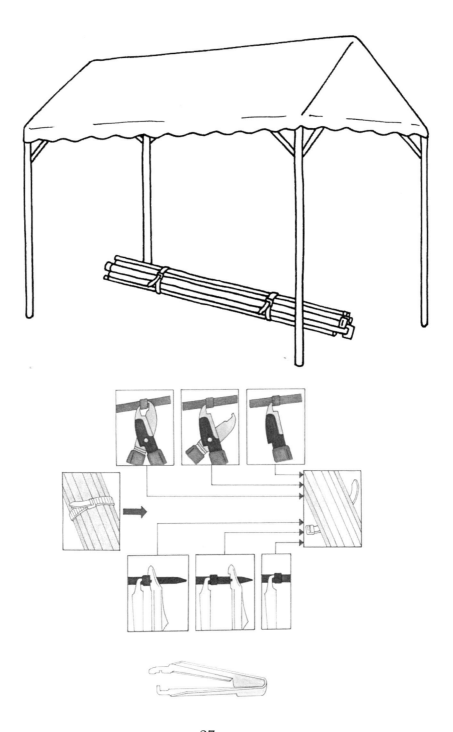

4、販売戦略・企画

販売戦略・企画

結束バンド＋テイクメカバンド（結束バンド外し具）

ワンタッチロック式結束バンド＋テイクメカバンド（結束バンド外し具）の組み合わせセット販売の企画は、不正競争防止法の適用を受ける内容です。

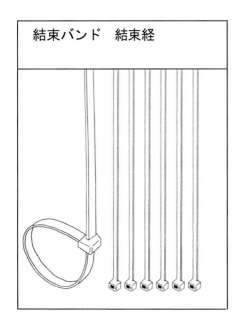
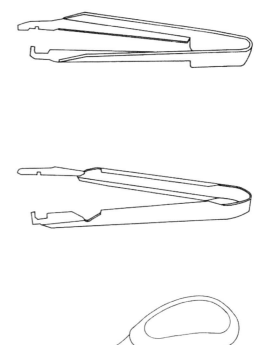

(1) 結束バンド＋テイクメカバンド（結束バンド外し具）

　　ワンタッチロック式結束バンド＋テイクメカバンド（結束バンド外し具）の組み合わせセット販売は、結束バンドに必要不可欠であり、結束バンドの再利用による経済的効果、作業能率の向上等であり、結束バンドを単品で購入する価格内でテイクメカバンド（結束バンド外し具）も購入可能な価格設定ができる。
　　これから結束バンドを購入する消費者に於いては、新しい用途などにトライが出来、消費の拡大を促進する。
　　下記の品番、１（Ａ）～５（Ｅ）は、結束経　1.0～2.0 から 5.0～150 の結束バンド１袋の本数にテイクメカバンドを組み合わせた価格を表示し、消費者が予算に応じて、結束バンドの袋数を決められる内容である。

品番　１（Ａ）　　結束経　1.0～20　　１００本×00袋＋テイクメカバンド　　価格
品番　２（Ｂ）　　結束経　1.5～40　　１００本×00袋＋テイクメカバンド　　価格
品番　３（Ｃ）　　結束経　2.0～60　　１００本×00袋＋テイクメカバンド　　価格
品番　４（Ｄ）　　結束経　3.0～100　１００本×00袋＋テイクメカバンド　　価格
品番　５（Ｅ）　　結束経　5.0～150　１００本×00袋＋テイクメカバンド　　価格

標準・耐候性・ワンタッチロック式＋テイクメカバンドの組合せセット販売
ケーブル結束バンド

品番１（A）　結束経　1.0〜20　１００本×00袋 ＋ テイクメカバンド　価格

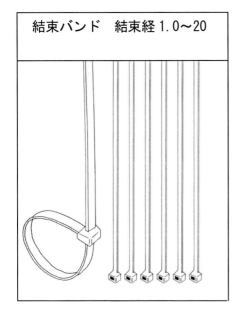

ピンセットタイプ(A)

品番2（B）　結束経　1.5〜40　１００本×00袋 ＋ テイクメカバンド　価格

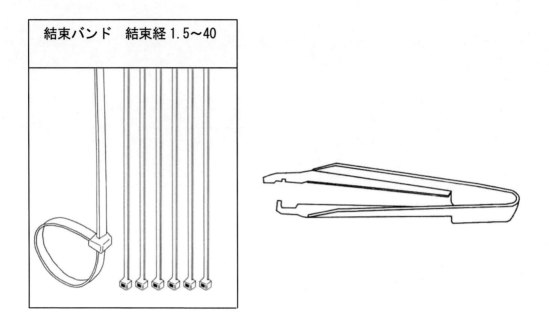

ピンセットタイプ(A)

品番3（C）　結束経　2.0〜60　１００本×00袋 ＋ テイクメカバンド　価格

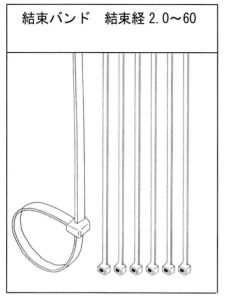

ピンセットタイプ(A)

品番4（D）　結束経　3.0～100 100本×00袋 ＋ テイクメカバンド　価格

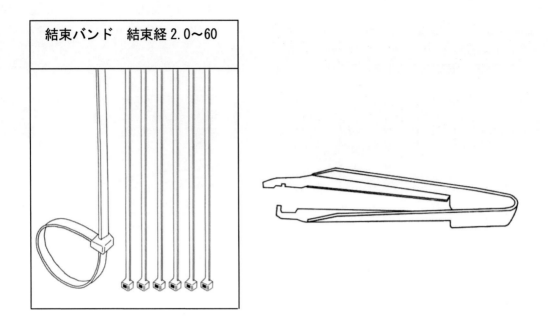

ピンセットタイプ(A)

品番5（E）　結束経　5.0〜150 100本×00袋 + テイクメカバンド　価格

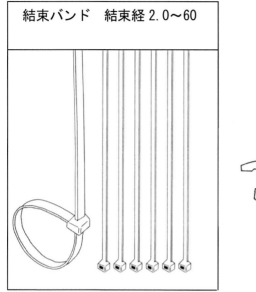

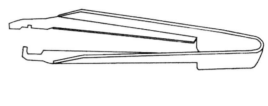

ピンセットタイプ(A)

品番1（A）　結束経　1.0〜20　１００本×00袋 ＋ テイクメカバンド　価格

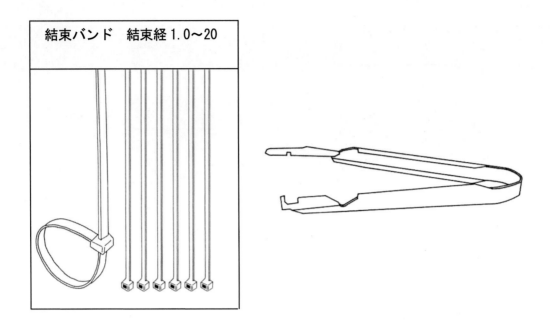

ピンセットタイプ(B)

品番2(B)　結束経　1.5〜40　１００本×00袋　[+]　テイクメカバンド　価格

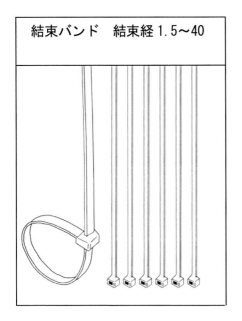

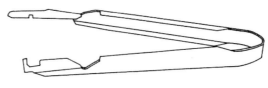

ピンセットタイプ(B)

品番3(C)　結束経　2.0～60　１００本×00袋 ＋ テイクメカバンド　価格

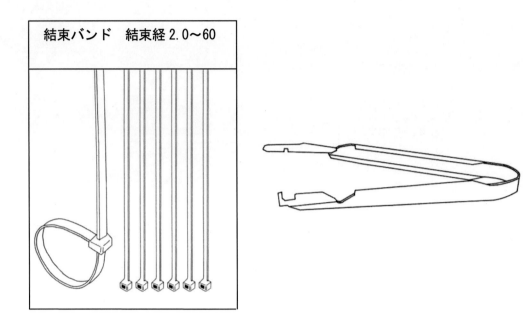

ピンセットタイプ(B)

品番4(D)　結束経　3.0〜100 100本××00袋 ＋ テイクメカバンド　価格

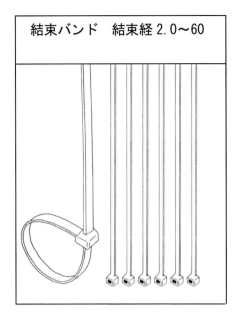

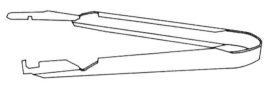

ピンセットタイプ(B)

品番5（E）　結束経　5.0～150 100本××00袋 ＋ テイクメカバンド　価格

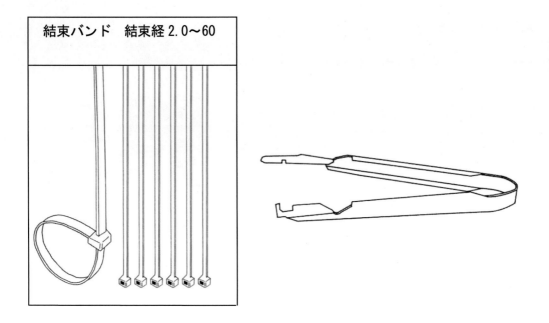

ピンセットタイプ(B)

品番1（A）　結束経　1.0～20　１００本×00袋　+　テイクメカバンド　価格

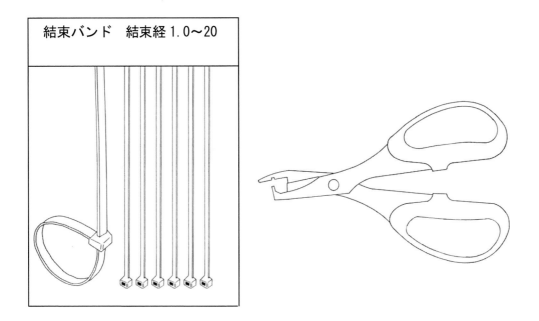

手動工具タイプ

品番2（B）　結束経　1.5～40　１００本×00袋　+　テイクメカバンド　価格

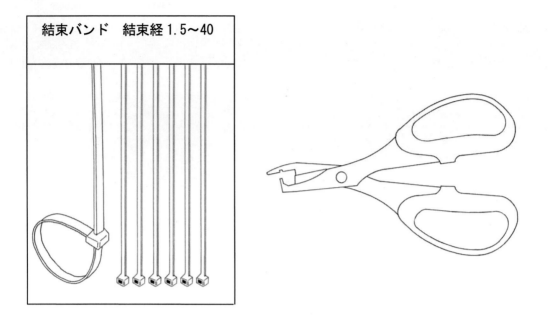

手動工具タイプ

品番3（C）　結束経　2.0～60　１００本×00袋　+　テイクメカバンド　価格

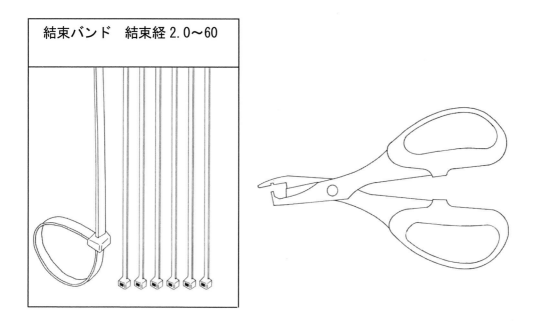

手動工具タイプ

品番4(D) 結束経 3.0～100 100本××00袋 ＋ テイクメカバンド 価格

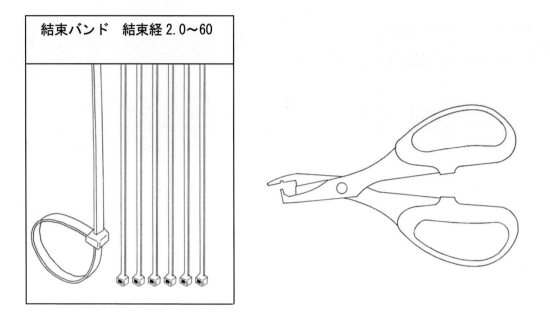

手動工具タイプ

品番5(E)　結束経　5.0～150 100本××00袋 ＋ テイクメカバンド　価格

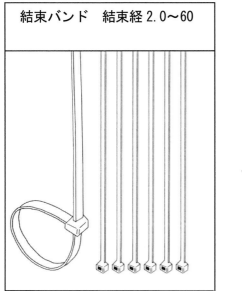

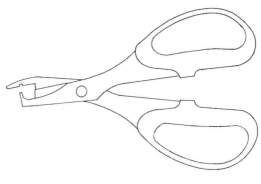

手動工具タイプ

あとがき

　この多目的・結束バンド外し具は、私が長年、電線やエアーホースを束ねる作業に於いて、常時使用していましたが、追加で縛る或いは、取り付け変更や仮止めなどの時には、切断して捨てるしかありませんでした。その時「もったいない」と思うことが時々あり、何とか外してもう一度締め直しが出来ないか？と思い。今回の取り外し具の開発に至りました。当初は薄い銅板などギザギザな所とリップ部分に挟みロックが効かないようにして外してみましたが、手間が掛かり現実的ではないと思いました。次にたまたま錆びた使えないニッパーが有ったので、そのニッパーの先端部を削って（現在の形）挟んで見たら、上手く行きました。

　結束バンドも今では世界で使われるようになってきましたが、この工具は手で外せないタイプの結束バンドをも簡単に取り外しが可能で再利用させるための道具です。但し、思いっきり縛った時（バンドのラチェット部分でのストレスの変形）や余分な所を切断したバンド（挿入しにくい）或いは、購入後かなり日数が経って材質の劣化している等は再利用に不向きです。

　使用方法は輪になったバンドの四角い頭部分のラチェットを中と外から軽く外し具にて挟むだけでラチェット部分の解除ができ、輪を広げるように引っ張ると外せます。

　前記の商品等の増減の結束において、一度外した結束バンドのラチェット部が元の位置に戻らずロック不良が発生することがありますが、これらは、外し具を使用しているとバンドを締める復元方法がわかります。

　経歴、昭和46年、日産系ディーラーサービス業務10年勤務、工作機械仕上げ技術開発の経験のち現在の専用機械組み立て技術に従事。その他、20歳で手作りホバークラフト制作、水陸両用車（人力）制作、人力＆ソーラーボート設計制作、レース出場にトライ。

　　　　　　　　　　　　　　　　　　　　　　著者　伊吹哲太郎（いぶきてつたろう）

多目的・結束バンド外し具の用途＆販売促進

定価（本体 1,500 円＋税）

２０１５年（平成２７年）３月２４日発行

No. ＩＢＴ91-2-038

発行所　IDF (INVENTION DEVLOPMENT FEDERATION)
　　　　発明開発連合会®

メール　03-3498@idf-0751.com　　www.idf-0751.com
電話　03-3498-0751㈹
150-8691　渋谷郵便局私書箱第２５８号
発行人　ましば寿一
著作権企画　IDF 発明開発(連)
Printed in Japan
著者　伊吹哲太郎 ©

初版、２０１４年（平成２６年）４月１５日発行に記載できなかった原稿の追加発行

本書の一部または全部を無断で複写、複製、転載、データーファイル化することを禁じています。

It forbids a copy, a duplicate, reproduction, and forming a data file for some or all of this book without notice.